风电工程建设
安全质量作业标准

风机基础工程分册

国电投河南新能源有限公司 编

中国电力出版社
CHINA ELECTRIC POWER PRESS

图书在版编目（CIP）数据

风电工程建设安全质量作业标准. 4，风机基础工程分册 / 国电投河南新能源有限公司编. —北京：中国电力出版社，2020.11
　ISBN 978-7-5198-4907-8

Ⅰ. ①风… Ⅱ. ①国… Ⅲ. ①风力发电机－工程施工－安全生产－质量标准－中国 Ⅳ. ①TM614-65

中国版本图书馆 CIP 数据核字（2020）第 159403 号

出版发行：中国电力出版社
地　　址：北京市东城区北京站西街 19 号（邮政编码 100005）
网　　址：http://www.cepp.sgcc.com.cn
责任编辑：赵鸣志（zhaomz@126.com）
责任校对：黄　蓓　常燕昆
装帧设计：赵姗姗
责任印制：吴　迪

印　　刷：北京天宇星印刷厂
版　　次：2020 年 11 月第一版
印　　次：2020 年 11 月北京第一次印刷
开　　本：787 毫米×1092 毫米　16 开本
印　　张：1
字　　数：17 千字
印　　数：0001—1500 册
定　　价：78.00 元（全六册）

《风电工程建设安全质量作业标准》
编写委员会

主　　任　　耿银鼎

副 主 任　　徐士勇　徐枪声

主　　编　　邓随芳

编　　委　　魏贵卿　王　浩　张喜东　孙程飞　李　珂　崔海飞

　　　　　　任鸿涛　徐梦卓　马　欢　刘　洋　刘君一　张　昭

　　　　　　李锦龙　兰　天

知识产权声明

前　　言

为规范国电投河南新能源有限公司全资和控股的新建、扩建陆上风力发电工程建设质量管理工作，明确质量要求，提升施工工艺质量标准，特编制本标准。

本标准由河南新能源工程建设中心组织编制并归口管理。

本标准主编单位：国电投河南新能源有限公司。

本标准主要编写人：马欢。

本标准主要审查人：邓随芳、孙程飞。

目　　录

编号	工艺名称	工艺流程	工艺标准及施工要点	验收标准	安全要点
1	土石方工程	1. 定位放线 2. 原地表清理 3. 土石方开挖 4. 基坑验槽 5. 锚栓预埋件及预埋管安装	（1）基槽开挖尺寸符合设计要求。 （2）基底标高符合设计要求。 （3）弃土距离基坑边缘大于1m，基坑边做维护和警示标志。 （4）开挖后应尽快完成验槽工作，及时进行垫层浇筑，开挖后被雨水冲蚀应将表层进行清理。 （5）为防止超挖，赶上雨季施工时，基坑底层为黏土的，开挖的基坑不能在当天浇筑垫层，应留出200mm到基底，浇筑当天清除。 （6）基坑坐落在斜坡时，标高参考点应为斜坡的中点。 （7）所使用的测量仪器均需检验合格，且在有效期内。 （8）控制点周围严禁堆放杂物，在控制点外0.5m处用脚手架或钢管焊成围护围栏并刷红白漆。 （9）基坑开挖前，应根据挖深、地质条件、施工方法、地面荷载等资料制定施工方案、环境保护措施。 （10）按照基础开挖深度适当放坡，对于松散地层适当增大放坡比例，以保证基坑安全。地下水渗透系数较大或场地受限制不能放坡开挖时，应采取支护措施。 （11）基坑的降、排水，可根据降水深度和基坑地质条件等情况，采取明沟集水井排水。 （12）基槽开挖的边界应大于基础外沿，留有足够的施工操作空间。 （13）基坑开挖后应布置安全的上人通道，并在基坑四周做好保护围栏。 （14）基坑开挖不得随意丢弃弃土、碎石。 （15）地基的基槽开挖后，应及时进行验槽，如不能及时验槽，应立即对基坑进行封闭，防止水浸和暴露。 （16）挖至距设计基底标高200~300mm时，采用人工挖掘至设计标高，如基底超挖，采用高一级强度等级混凝土垫至设计标高	（1）平面控制桩精度应符合二级导线精度要求。 （2）高程控制桩精度符合三等水准要求。 （3）边坡、表面坡度应符合设计要求。 （4）基底土性符合设计规定。 （5）基坑标高偏差为0~50mm。 （6）开挖边线偏差为0~20mm。 （7）基底表面平整度小于或等于20mm	（1）基坑开挖做好安全防护和安全提示，严防坠落和塌方。基坑周围设置警告标志，围栏高度不得低于1.1m，围栏距坑边不得小于0.8m。 （2）上下基坑搭设马道，坡度为1:3:5。 （3）基坑防护栏杆采用直径φ48×3.5mm钢管，可采用扣件或焊接连接。 （4）机械开挖时严格施工管理规定，人员不得在机旋转半径内活动，挖出堆土与基坑边缘距离大于1m，高度不宜超过1.5m；超过1.5m时应采取可靠措施。基坑内工作注意预防边坡下滑及石块坠落

编号	工艺名称	工艺流程	工艺标准及施工要点	验收标准	安全要点
2	垫层浇筑	1. 垫层模板支设 2. 浇筑垫层	（1）垫层混凝土强度符合设计图纸要求。 （2）垫层混凝土厚度满足要求。 （3）基础预埋螺栓、预埋件、预埋套管位置准确，安装牢固。 （4）混凝土无裂缝等质量缺陷。 （5）依据规范留置混凝土试块，按照规范要求每满 100m³ 留置一组试块，不满足 100m³ 留置一组试块。 （6）垫层浇筑前，应由人工进行平整，凸起的大石块应由人工或小型机械进行破除，避免对地基土的扰动。 （7）垫层浇筑外边界应大于基础模板外沿 100mm 以上，垫层收面平整，以保证底层钢筋保护层厚度。 （8）垫层浇筑后需洒水并覆盖薄膜养护。 （9）混凝土表面保持清洁。 （10）混凝土垫层按照设计要求养护	（1）原材料及配合比符合设计要求。 （2）混凝土强度及试件留置符合设计要求。 （3）混凝土运输、浇筑及间歇时间符合规范要求	（1）混凝土浇筑时，泵车操作要有资质，输送管道头应紧固可靠，不漏浆，安全阀完好，管道要牢固，检修时必须泄压。 （2）振捣器接线必须正确，电动机绝缘电阻必须合格，并有可靠的接地线保护，必须装设合格漏电保护开关。 （3）振捣人员必须穿好绝缘鞋等防护用品
3	锚栓笼安装	1. 安装下锚板 2. 上锚板安装 3. 穿入锚栓 4. 调整上下锚板同心 5. 调整上锚板水平 6. 锚栓组合件加固	（1）锚栓的检验报告符合设计要求。 （2）下锚板吊车放置在预埋件上时中心对应基础中心。 （3）下锚板与预埋件进行焊接。 （4）调节支撑螺栓，使下锚板达到设计标高及水平度。 （5）吊车吊起上锚板后穿入定位螺栓，穿入下锚板。 （6）安装其余锚栓后螺母进行力矩拧紧。 （7）调整上下锚板同心，在风机基础外侧设 90°定一桩，然后将上锚板用拖绳与桩连接。 （8）调整上锚板水平度	（1）锚栓笼中心对应基础中心，允许偏差为 5mm。 （2）上锚板水平度应符合设计要求。 （3）螺母拧紧力矩应符合设计要求	（1）吊装锚板前对相关人员进行安全交底、教育。 （2）对起重机械及吊具进行安全检查确认。操作人员必须资质合格。 （3）吊装机械必须有良好的接地
4	钢筋加工		（1）钢筋的品种、规格、数量、位置等使用应符合设计及规范要求。 （2）钢筋表面无油污及锈蚀。 （3）钢筋弯折的弯弧内径应符合下列规定：光圆钢筋，不应小于钢筋直径的2.5倍；335MPa级、400MPa级带肋钢筋，不应小于钢筋直径的7倍；500MPa级，当直径为 28mm 以下时不应小于钢筋直径的 6 倍，当直径为 28mm 及以上时不宜小于钢筋直径的 7 倍。 （4）钢筋加工前应将表面清理干净。表面有颗粒状、片状老锈或有损伤的钢筋不得使用。 （5）进场的钢筋要进行复检，检验报告合格后才可使用。 （6）钢筋加工宜在常温状态下进行，加工中不应对钢筋进行加热。钢筋应一次弯折到位	（1）钢筋进场前需按规范要求抽检合格。 （2）HPB235 级钢筋末端应作 180°弯钩，其弯弧内径不应小于钢筋直径的2.5倍，弯钩的弯后平直部分长度不应小于钢筋直径的 3 倍。 （3）当设计要求钢筋末端需作 135°弯钩时，HRB335 级、HRB400 级钢筋的弯弧内径不应小于钢筋直径的 4 倍，弯钩的弯后平直部分长度应符合设计要求。 （4）钢筋作不大于 90°的弯折时，弯折处的弯弧内径不应小于钢筋直径的 5 倍	钢筋冷拉作业前，必须检查卷扬机钢丝绳、地锚、钢筋夹具、电气设备等，确认安全后方可作业。卷扬机运转时，严禁人员靠近冷拉钢筋和牵引钢筋的钢丝绳。切断时机械运转中严禁用手直接清除刀口附近的断头和杂物，在钢筋摆动范围内和刀口附近，非操作人员不得停留

编号	工艺名称	工艺流程	工艺标准及施工要点	验收标准	安全要点
5	钢筋连接		（1）直螺纹链接套筒材料符合设计及规范要求。 （2）直螺纹套筒连接单边外露丝扣不得超过2圈。 （3）机械连接头的混凝土保护层应满足规范要求，且不小于15mm。接头之间的横向净距离不小于25mm。 （4）采购的机械连接头，须有4年内的形式试验报告。 （5）丝头批量加工和连接前，应对进场的套管和钢筋主材及丝头加工进行工艺符合性验证。 （6）机械连接作业应配有检定合格的预置式扭力扳手。 （7）加工钢筋接头的操作工人，应经专业人员培训合格后才能上岗，人员应相对稳定。 （8）钢筋端部应切平或镦平后再加工螺纹墩粗头不得有与钢筋轴线相垂直的横向裂纹。 （9）钢筋和套筒的丝扣应干净、完好无损。 （10）螺纹接头安装后应用扭力扳手校核拧紧扭矩。校核拧紧扭矩应有书面记录。 （11）焊条中S的含量最大允许值为0.035%，P的含量最大允许值为0.04%。 （12）搭接焊时，搭接长度符合下列要求：双面焊不小于5d，单面焊不小于10d（d为宽度）。 （13）钢筋焊接之前，应清除钢筋焊接部位与电极接触面处的锈斑、油污、杂物等。钢筋端部有弯折、扭曲时，应予以矫正或切除。 （14）搭接焊时，宜采用双面焊。 （15）应根据钢筋牌号、直径、接头形式和焊接位置，选择焊接材料、确定焊接工艺参数。 （16）焊接时，引弧应在形成焊缝的部位进行，不得烧伤主筋。 （17）焊接地线与主筋应接触良好。 （18）焊接过程中应及时清渣，焊缝表面应光滑，焊缝余高应平缓过渡，弧坑应填满	同工艺标准	钢筋绑扎要使用步道，在钢筋骨架上层工作注意不要站在边缘，弯曲钢筋时预防滑倒，注意脚下，预防滑跌、坠落

3

编号	工艺名称	工艺流程	工艺标准及施工要点	验收标准	安全要点
6	钢筋安装		（1）钢筋绑扎的搭接长度应符合设计要求。 （2）绑扎搭接头中钢筋的横向净距不应小于钢筋直径，且不应小于 25mm。 （3）钢筋绑扎搭接头连接区段的长度为 1.3L（L 为搭接长度）。 （4）同一连接区段内，纵向受拉钢筋搭接接头面积百分率应符合设计要求。 （5）受拉搭接区段的箍筋间距不应大于搭接钢筋较小直径的 5 倍，且不应大于 100mm。 （6）接头连接区段的长度为 35d（d 为宽度），且不应小于 500mm。 （7）同一连接区段内，纵向受力钢筋接头的纵向受力钢筋截面面积与全部纵向受力钢筋截面面积的比值，受拉钢筋采用机械连接或焊接时不宜大于 50%，采用绑扎连接时不宜大于 25%。 （8）箍筋直径不应小于搭接钢筋较大直径的 25%。 （9）受拉搭接区段的箍筋间距不应大于搭接钢筋较小直径的 5 倍，且不应大于 100mm。 （10）钢筋绑扎搭接头应在接头中心和两端用铁丝扎牢。 （11）同一构件中相邻纵向受力钢筋的绑扎搭接接头宜相互错开。 （12）钢筋接头宜设置在受力较小处，同一受力钢筋不宜设置两个或两个以上接头。 （13）底层钢筋绑扎时，按图纸要求用墨线弹出钢筋分挡位置线，先绑扎下层钢筋，钢筋接头位置错开 50%，底板钢筋全扣绑扎不得跳扣。 （14）钢筋安装应采取防止钢筋受模板、模具内表面的脱模剂污染的措施。 （15）钢筋安装完成后应及时进行下道工序施工，避免钢筋长时间暴露在大气中产生锈蚀现象。在浇筑混凝土前，若发现钢筋产生锈蚀，应采取除锈措施。 （16）防止钢筋直接压在基础环上	同工艺标准	钢筋绑扎要使用步道，在钢筋骨架上层工作注意不要站在边缘，弯曲钢筋时预防滑倒，注意脚下预防滑跌、坠落

编号	工艺名称	工艺流程	工艺标准及施工要点	验收标准	安全要点
7	模板安装		（1）模板及支架材料的技术指标应符合国家现行有关标准的规定。 （2）模板的规格和尺寸，支架杆件的直径和壁厚，以及连接件的质量，应符合设计要求。 （3）模板接缝应严密，浇筑时不可漏浆，支架体系应牢固可靠，具有足够的强度和刚度，浇筑时不能变形。 （4）钢筋保护层符合设计及规范要求。不得采用石块、钢筋头等作为保护层垫块，保护层垫块需按规范要求采用水泥垫块。 （5）模板及支架宜选用轻质、高强、耐用的材料。 （6）接触混凝土的模板表面应平整，并应具有良好的耐磨性和硬度。 （7）脱模剂应有能有效减小混凝土与模板间的吸附力，并应有一定的成膜强度。 （8）安装模板时，应进行测量放线，并应采取保证模板位置准确的措施。 （9）模板安装应保证混凝土结构件各部分形状、尺寸和相对位置准确，并应防止漏浆。 （10）模板与混凝土接触面应清理干净并涂刷脱模剂，脱模剂不得污染钢筋和混凝土接茬处。 （11）当混凝土强度能保证其表面及棱角不受损伤时，方可拆除侧模。 （12）模板数量应满足流水施工需要，保证施工联系进行，不得因赶工过早拆除模板	同工艺标准	（1）模板安装必须按模板施工设计进行，严禁任意变动。 （2）施工过程中，模板上不得超量堆载。 （3）模板及支撑系统在安装过程中必须设置临时固定设施，严防倾覆。 （4）支撑应按方案组织施工，模板没有固定及检验、验收前，不得进行下道工序。 （5）模板的安装顺序应根据实际的支模方案确定。人员上下应有人接应，随装随运，不得抛掷

编号	工艺名称	工艺流程	工艺标准及施工要点	验收标准	安全要点
8	混凝土浇筑		（1）混凝土的出仓时间和浇筑的间隔时间不能超过混凝土的初凝时间。 （2）雨季施工前，水泥和矿物掺合料应采取防水和防潮措施，并应对粗骨料、细骨料的含水率进行监测，及时调整混凝土配合比。 （3）冬季施工时混凝土外加剂、配合比和原材料的预热应满足规范要求。 （4）冬季施工混凝土拌合物的出机温度不宜低于10℃，入模温度不应低于5℃。 （5）输送泵设置的位置应满足施工要求，场地应平整、坚实，道路应畅通。 （6）输送泵管安装连接应严密，输送泵管道转向宜平缓。 （7）输送泵应采用支架固定，支架应与结构牢固连接，输送泵转向处支架应加固。 （8）风机基础混凝土浇筑应采用水平分层的浇筑施工方法，每层混凝土的厚度不宜超过300mm。 （9）混凝土入模温度不宜大于30℃；混凝土浇筑体最大温升不宜大于50℃。 （10）应按分层浇筑厚度分别进行振捣，振动棒的前段应插入前一层混凝土中，插入深度不应小于50mm。 （11）基础浇筑时间不能超过设计规定的时间。 （12）应先进行泵水检查，并应湿润输送泵的料斗、活塞等直接与混凝土接触的部位；泵水检查后，应清除输送泵内积水。 （13）泵送混凝土前，宜先输送水泥砂浆对输送泵和输送管进行润滑，然后开始输送混凝土。 （14）输送混凝土应先慢后快、逐步加速，应在系统运转顺利后再按正常速度输送。 （15）输送混凝土过程中，应设置输送泵集料斗网罩，并应保证集料斗有足够的混凝土余量。 （16）浇筑混凝土前，应清除模板内或垫层上的杂物。表面干燥的垫层、模板上应洒水湿润；场环境温度高于35℃时，宜对金属模板进行洒水降温；洒水后不得留有余水。	同工艺标准	（1）浇筑时振动棒的电源线置于干燥处，多台振动棒同时作业应设置集中开关箱，由专人看管，操作人员要穿绝缘鞋，佩戴安全防护用品。 （2）振动棒使用前必须经过电工检查确认合格后方可使用，开关箱内必须装置保护器，插座插头应完好无损，电源线不得破皮、漏电振捣时，应有专人负责振捣线的移动

编号	工艺名称	工艺流程	工艺标准及施工要点	验收标准	安全要点
8	混凝土浇筑		（17）混凝土分层浇筑的间歇时间不应超过混凝土的初凝时间，并保证上下层之间不留施工缝。 （18）浇筑过程中应及时排除混凝土表面泌水。 （19）混凝土振捣应能使模板内各个部位的混凝土密实、均匀，不应漏振、欠振、过振。 （20）振捣棒应垂直于混凝土表面并快插慢拔、均匀振捣；当混凝土表面无明显塌陷、有水泥浆出现，不再冒气泡时，应结束该部位振捣。 （21）混凝土分层振捣并采用二次振捣工艺，保证模板内各个部位混凝土振捣密实、均匀，不应漏振、欠振、过振。 （22）混凝土浇筑面应及时进行二次抹压处理。最后一次的抹压作业应在混凝土终凝（前）时进行。 （23）振捣棒应尽量不碰钢筋，防止基础环水平度变化	同工艺标准	（3）泵送混凝土时，宜设2名以上人员牵引布料杆。泵送管接口、安全阀、管架等必须安装牢固，输送前应试送，检修时必须卸压。 （4）浇筑混凝土作业时，当需要夜间作业时，须提前备好照明灯，且照明用电必须使用12V低压，同时灯具应架空或用固定支架。 （5）运转中不准用工具伸入搅拌筒内扒料
9	混凝土养护		（1）保湿养护的持续时间不得少于14d，应经常检查塑料薄膜或养护剂涂层的完整情况，保持混凝土表面湿润。 （2）塑料薄膜应紧贴混凝土裸露表面，塑料薄膜内应保持有凝结水。 （3）在覆盖养护或带模养护阶段，混凝土浇筑体表面以内40～100mm位置处温度与混凝土浇筑体表面温度差值不应大于25℃；结束覆盖养护或拆模后，混凝土浇筑体表面以内40～100mm位置处温度与环境温度差值不应大于25℃。 （4）混凝土浇筑体内部相邻两测温点的温度差值不应大于25℃。 （5）混凝土降温速率不宜大于2.0℃/d。 （6）每个剖面的周边测温点应设置在混凝土浇筑体表面以内40～100mm位置处；每个剖面的测温点宜竖向、横向对齐；每个剖面竖向设置的测温点不应少于3处，间距不应小于0.4m且不宜大于1.0m；每个剖面横向设置的测温点不应少于4处，间距不应小于0.4m且不大于1.0m。	同工艺标准	（1）进入施工作业区域内的所有相关人员必须正确佩戴好安全保护器具。 （2）现场应设养护用水配水管线，其敷设不得影响人员、车辆和施工安全。 （3）用水应适量，不得造成施工场地积水、泥泞。 （4）养护区必须设护栏，非作业人员禁止入内。

编号	工艺名称	工艺流程	工艺标准及施工要点	验收标准	安全要点
9	混凝土养护		（7）测温频率应符合下列规定：第一天至第四天，每4h不应少于一次；第五天至第七天，每8h不应少于一次；第七天至测温结束，每12h不应少于一次。 （8）大体积混凝土应进行保湿养护，保湿养护可采用洒水、覆盖、喷涂养护剂等方式。养护方式应根据现场条件、环境温湿度、技术要求等因素确定。 （9）风机基础大体积混凝土应在浇筑完毕后的12h以内对混凝土加以覆盖养护。 （10）洒水养护宜在混凝土裸露表面覆盖麻袋或草帘后进行，也可采用直接洒水方式。洒水养护应保证混凝土处于湿润状态，当日最低温度低于5℃时，不应采用洒水养护。 （11）覆盖养护宜在混凝土裸露表面覆盖塑料薄膜、塑料薄膜加麻袋、塑料薄膜加草帘进行。 （12）当混凝土表面温度与环境温度最大差值小于20℃时，可结束覆盖养护。 （13）应专人负责保温养护工作，同时应做好测温记录。 （14）宜选择具有代表性的两个交叉竖向剖面进行测温，竖向剖面交叉位置宜通过基础中部区域。 （15）每个竖向剖面的周边以内部位应设置测温点，两个竖向剖面交叉处应设置测温点；混凝土浇筑体表面测温点应设置在保温覆盖层底部或模板内侧表面，并应与两个剖面上的周边测温点位置及数量对应；环境测温点不应少于2处	同工艺标准	（5）用软管养护时，应将水管接头连接牢固，移动皮管不得猛拽。 （6）养护及测温人员不得在混凝土基础边沿站立行走；养护时应注意脚下的磕绊物。 （7）养护结束后，及时将养护材料清理并放置在指定位置
10	基础回填		（1）回填土应分层夯实，分层铺填厚度为250～350mm，干密度不得小于18kN/m³，压实系数不得小于0.92。 （2）淤泥腐殖土、冻土、耕植土、膨胀土及有机质含量大于8%的土，不得作为风机基础的回填土料。 （3）回填土料如设计无特殊要求，可因地制宜就地取材，如砂石、黏土、爆破石渣（粒径不大于200mm）等。	同工艺标准	（1）所有现场作业人员必须戴好安全帽，系好帽带；严禁穿着拖鞋进入施工现场，严禁酒后作业。 （2）挖掘机司机必须持证上岗。 （3）挖掘机在工地上行走速度不得超过5km/h；行驶过程应仔细观察路面及空中的障碍物和周边电缆导线等，严禁碾压、碰撞。

编号	工艺名称	工艺流程	工艺标准及施工要点	验收标准	安全要点
10	基础回填		（4）碎石类土或爆破石渣用作填料时，应限制填料的最大粒径及其含量。当采用砂回填时，应振捣，夯填密实。 （5）不得提前回填		（4）作业前应对挖掘机进行试运转检查，检查设备照明、信号及报警装置等是否齐全有效。 （5）大臂和铲斗回转范围内无障碍和其他作业人员